最强大脑

数学预备课

4 我会20以内加减法

杨易 著

中国妇女出版社

图书在版编目（CIP）数据

最强大脑数学预备课．4，我会20以内加减法 / 杨易著．-- 北京 ：中国妇女出版社，2021.10
ISBN 978-7-5127-1981-1

Ⅰ.①最… Ⅱ.①杨… Ⅲ.①数学－儿童读物 Ⅳ.①O1-49

中国版本图书馆CIP数据核字（2021）第082947号

最强大脑数学预备课 4——我会20以内加减法

作　　者：杨　易　著
项目统筹：门　莹
责任编辑：李一之
封面设计：天之赋设计室
责任印制：王卫东
出版发行：中国妇女出版社
地　　址：北京市东城区史家胡同甲24号　　邮政编码：100010
电　　话：（010）65133160（发行部）　　65133161（邮购）
网　　址：www.womenbooks.cn
法律顾问：北京市道可特律师事务所
经　　销：各地新华书店
印　　刷：北京中科印刷有限公司
开　　本：150×215　1/16
印　　张：7.5
字　　数：80千字
版　　次：2021年10月第1版
印　　次：2021年10月第1次
书　　号：ISBN 978-7-5127-1981-1
定　　价：199.00元（全五册）

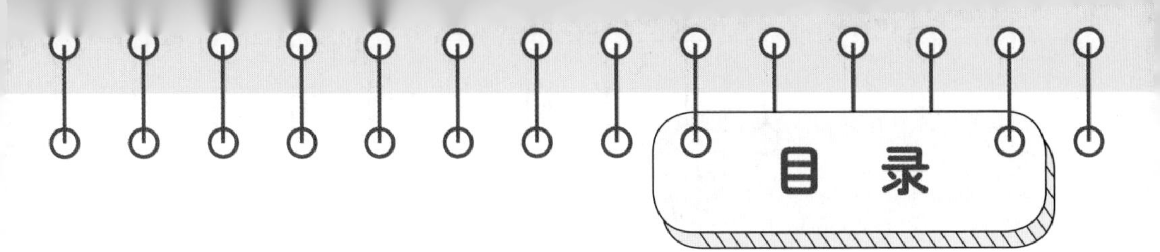

目 录

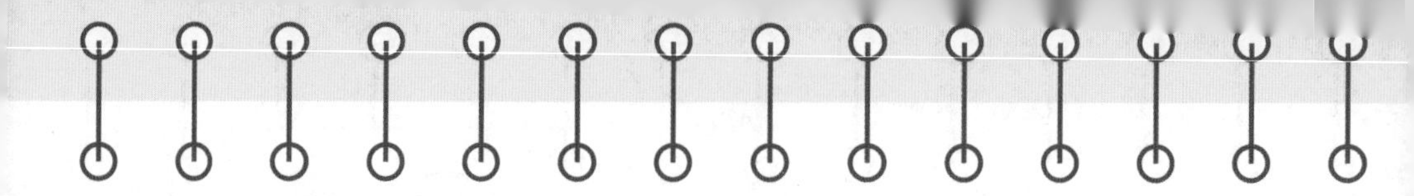

第1天 不进位加法①

月

日

脑王课堂

脑王！脑王！今天我们玩什么数学游戏啊？

今天开始我们要学习20以内的加减法了！

好呀，我们开始吧！

首先我们从十几加几开始，按照图案提示算一算吧！

示例：

(12) + (3) = (15)

试一试

看图写算式，仔细算一算。

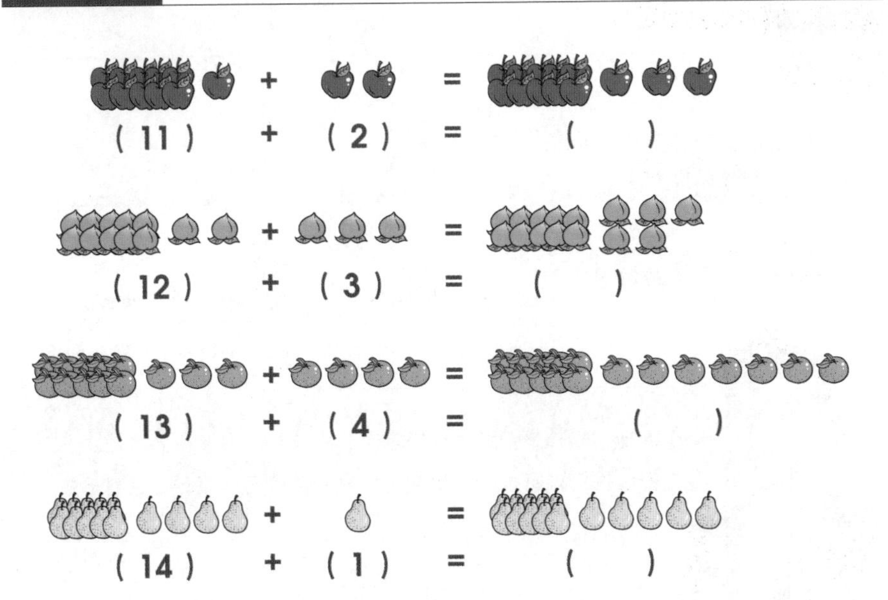

复习

小朋友，你都算对了吗？画上一些自己喜欢的水果，继续数一数，练一练。

学习打卡

你今天学习花了多少时间？（家长帮忙计时）

A. 不到 5 分钟

B. 5~10 分钟

C. 10 分钟以上

你今天练习全做对了吗？

A. 全对

B. 仅错一处

C. 错误较多

小朋友，明天我们还要继续学习并打卡！

今天能得几颗星？把星星涂上你喜欢的颜色，来给自己打分吧！

月

日

脑王课堂

脑王！脑王！今天我们玩什么数学游戏？

今天我们继续玩不进位加法游戏。

玩法有变化吗？

有啊，今天的题目都是玩几加十几，其他条件不变。

示例：

(3) + (13) = (16)

试一试

看图写算式，仔细算一算。

(2) + (11) = (　　)

(1) + (12) = (　　)

(4) + (12) = (　　)

(5) + (12) = (　　)

复习

小朋友，你都算对了吗？试着画出你喜欢的图案，组成几加十几来算一算吧。

学习打卡

你今天学习花了多少时间？（家长帮忙计时）

A. 不到5分钟

B. 5~10分钟

C. 10分钟以上

你今天练习全做对了吗？

A. 全对

B. 仅错一处

C. 错误较多

小朋友，明天我们还要继续学习并打卡！

今天能得几颗星？把星星涂上你喜欢的颜色，来给自己打分吧！

☆☆☆☆☆

第 3 天 不进位加法③

月

日

脑王课堂

脑王！脑王！不进位加法游戏还有新玩法吗？

有啊，我们今天进入进阶玩法，不看图，直接做十几加几的不进位加法练习。

这有点难呀，有什么技巧吗？

看好了，十位不变，只把个位的两个数加在一起就够了。

示例：13 + 5 = （ 18 ）

试一试 在（ ）内填上相应的数。

14 + 3 = （ ）　　14 + 4 = （ ）

13 + 4 = （ ）　　13 + 6 = （ ）

13 + 2 = （ ）　　15 + 4 = （ ）

16 + 2 = （ ）　　17 + 1 = （ ）

复习

小朋友，你都写对了吗？继续算一算，写一写。

学习打卡

你今天学习花了多少时间？
（家长帮忙计时）

A. 不到 5 分钟

B. 5~10 分钟

C. 10 分钟以上

你今天练习全做对了吗？

A. 全对

B. 仅错一处

C. 错误较多

小朋友，明天我们还要继续学习并打卡！

今天能得几颗星？把星星涂上你喜欢的颜色，来给自己打分吧！

第 4 天 不进位加法④

月

日

脑王课堂

脑王！脑王！今天我们玩什么数学游戏？

今天我们继续练习几加十几的加法，同样没有图案提示哟！

示例：5 + 13 = (18)

试一试

在（　　）内填上相应的数。

3 + 14 = (　　)　　2 + 15 = (　　)

4 + 14 = (　　)　　6 + 13 = (　　)

7 + 12 = (　　)　　8 + 11 = (　　)

5 + 14 = (　　)　　6 + 11 = (　　)

复习

小朋友，你都写对了吗？继续算一算，写一写。

学习打卡

你今天学习花了多少时间？（家长帮忙计时）

A. 不到 5 分钟

B. 5~10 分钟

C. 10 分钟以上

你今天练习全做对了吗？

A. 全对

B. 仅错一处

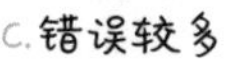

C. 错误较多

小朋友，明天我们还要继续学习并打卡！

今天能得几颗星？把星星涂上你喜欢的颜色，来给自己打分吧！

第5天 小脑王测试①

______月 ______日

脑王测试

脑王！脑王！今天会有什么新挑战？

今天我们要进行闯关挑战，巩固一下前几天学的新知识。

好呀，我已经做好准备了，接受挑战。

试一试　在（　　）内填写相应答案。

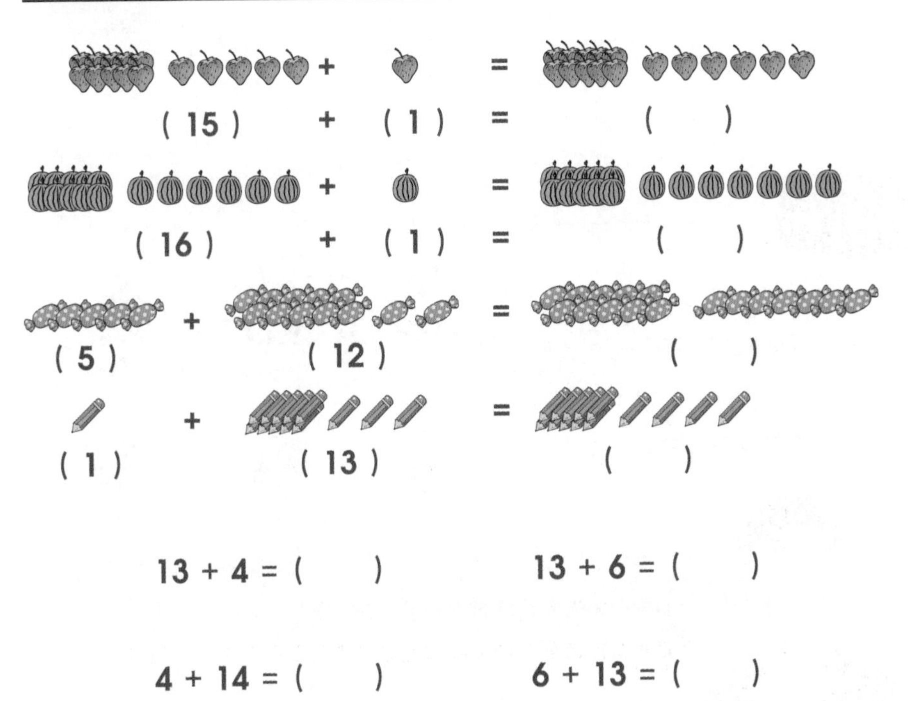

（15）+（1）=（　　）

（16）+（1）=（　　）

（5）+（12）=（　　）

（1）+（13）=（　　）

$13 + 4 =$（　　）　　$13 + 6 =$（　　）

$4 + 14 =$（　　）　　$6 + 13 =$（　　）

总结

小朋友，你都答对了吗？如果有错题，请在下方改正。

学习打卡

你今天学习花了多少时间？（家长帮忙计时）

A. 不到 5 分钟

B. 5~10 分钟

C. 10 分钟以上

你今天练习全做对了吗？

A. 全对

B. 仅错一处

C. 错误较多

小朋友，明天我们还要继续学习并打卡！

今天能得几颗星？把星星涂上你喜欢的颜色，来给自己打分吧！

评级证书

________ 同学：

祝贺你在“我会20以内加减法1～5天”学习中，坚持练习并且通过了测试！

请你以“小脑王”为目标，继续努力！

年　　月　　日

数学评测官　　杨易

第6天 凑10①

月
日

脑王课堂

脑王！脑王！我已经顺利闯关，接下来玩什么新的数学游戏？

今天要学一个新知识——凑10。

怎么凑10呢？

在空白处画上图案，和已知图案数量加起来，刚好凑成10个。

示例： 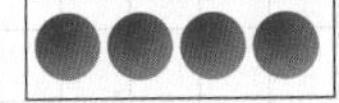

试一试　在空白处画上相应图案。

复习

小朋友，你都画对了吗？继续练一练，画一画。

学习打卡

你今天学习花了多少时间？
（家长帮忙计时）

A. 不到 5 分钟

B. 5~10 分钟

C. 10 分钟以上

你今天练习全做对了吗？

A. 全对

B. 仅错一处

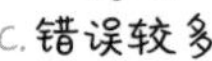

C. 错误较多

小朋友，明天我们还要继续学习并打卡！

今天能得几颗星？把星星涂上你喜欢的颜色，来给自己打分吧！

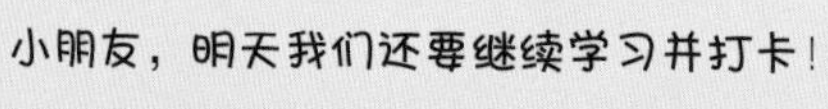

第 7 天 凑 10 ②

月

日

脑王课堂

脑王！脑王！今天要继续练习凑10吗？

是的，这次我们在括号内填上相应的数，和已知数相加等于10。

示例：7 + (3) = 10

试一试

在（　　）内填上相应的数。

6 + (　　) = 10　　　　(　　) + 3 = 10

1 + (　　) = 10　　　　(　　) + 2 = 10

8 + (　　) = 10　　　　(　　) + 4 = 10

5 + (　　) = 10　　　　(　　) + 7 = 10

9 + (　　) = 10　　　　(　　) + 0 = 10

复习

小朋友，你都填对了吗？在下方总结一下，看看哪些数可以凑10吧！

学习打卡

你今天学习花了多少时间？（家长帮忙计时）

A. 不到 5 分钟

B. 5~10 分钟

C. 10 分钟以上

你今天练习全做对了吗？

A. 全对

B. 仅错一处

C. 错误较多

小朋友，明天我们还要继续学习并打卡！

今天能得几颗星？把星星涂上你喜欢的颜色，来给自己打分吧！

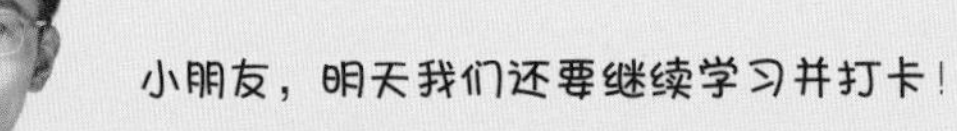

第 **8** 天 # 进位加法①

______月
______日

脑王课堂

脑王！脑王！凑10我已经学会了，今天我们玩什么？

今天我们熟悉有进位的加法，先用笔圈出能凑10的图案，再数一数图案共有几个。

示例：共（11）个

试一试 在（　　）内填上相应的数。

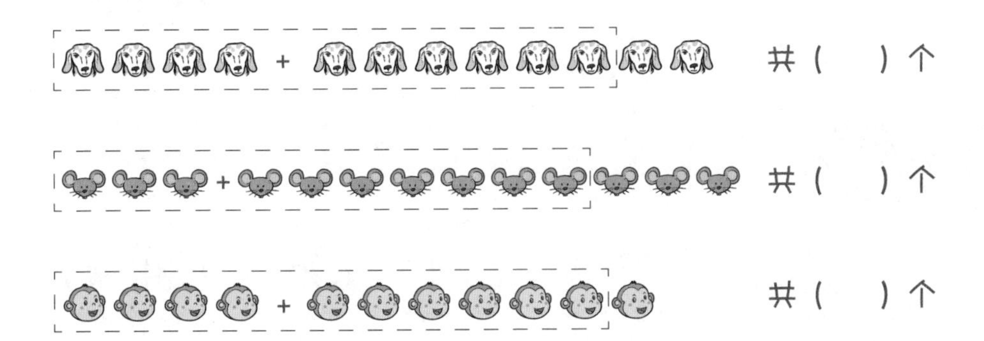

共（　　）个

共（　　）个

共（　　）个

复习

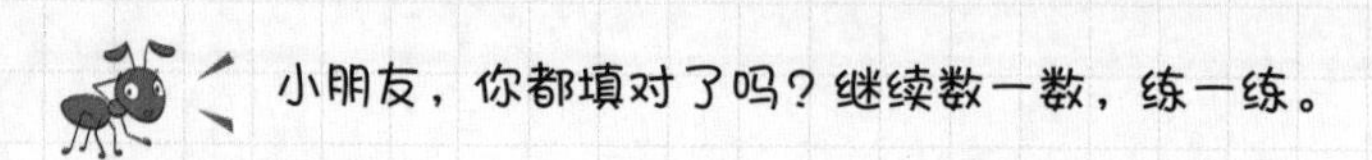

学习打卡

你今天学习花了多少时间？（家长帮忙计时）

A. 不到 5 分钟

B. 5~10 分钟

C. 10 分钟以上

你今天练习全做对了吗？

A. 全对

B. 仅错一处

C. 错误较多

小朋友，明天我们还要继续学习并打卡！

今天能得几颗星？把星星涂上你喜欢的颜色，来给自己打分吧！

脑王课堂

脑王！脑王！今天我们学什么？

继续熟悉凑10在加法中的运用吧！

示例：+ 共（12）个

在（ ）内填上相应的数。

\+ 共（ ）个

\+ 共（ ）个

\+ 共（ ）个

复习

小朋友，你都填对了吗？继续数一数，练一练。

学习打卡

你今天学习花了多少时间？
（家长帮忙计时）

A. 不到 5 分钟

B. 5~10 分钟

C. 10 分钟以上

你今天练习全做对了吗？

A. 全对

B. 仅错一处

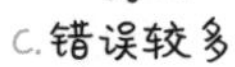

C. 错误较多

小朋友，明天我们还要继续学习并打卡！

今天能得几颗星？把星星涂上你喜欢的颜色，来给自己打分吧！

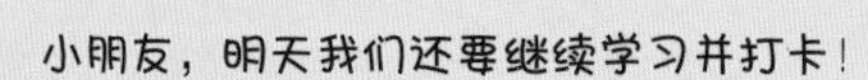

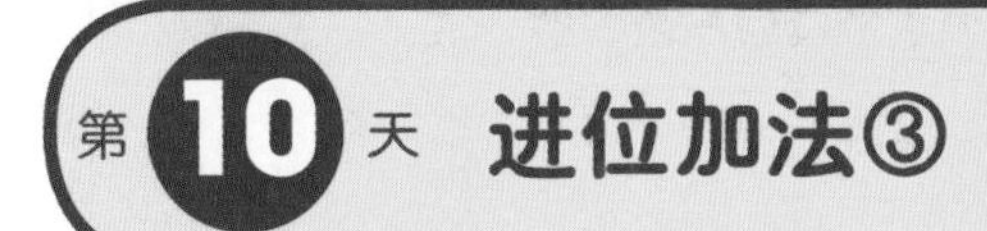

第10天 进位加法③

月 日

脑王课堂

脑王！脑王！今天我们玩什么新的数学游戏？

今天我们来学习加法的进位是怎么来的。

是凑10吗？

是的，把第二个数进行拆分，拆出的其中一个数与第一个数相加凑成10。

示例：6 + 5 = 11

5 拆成 [4] [1]，6 与 4 凑成 10

试一试

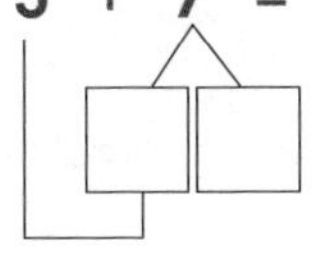

在相应位置填上正确的数。

7 + 6 = 13 　6 拆成 [ ] [ ]，凑成 10

8 + 3 = 11 　3 拆成 [ ] [ ]，凑成 10

9 + 3 = 12 　3 拆成 [ ] [ ]，凑成 10

5 + 7 = 12 　7 拆成 [ ] [ ]，凑成 10

4 + 7 = 11 　7 拆成 [ ] [ ]，凑成 10

6 + 5 = 11 　5 拆成 [ ] [ ]，凑成 10

复习

小朋友，你都分解对了吗？继续做一做，练一练。

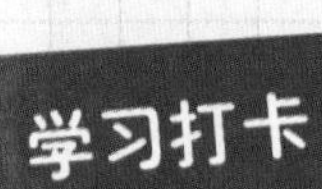

你今天学习花了多少时间？（家长帮忙计时）

A. 不到 5 分钟

B. 5~10 分钟

C. 10 分钟以上

你今天练习全做对了吗？

A. 全对

B. 仅错一处

C. 错误较多

小朋友，明天我们还要继续学习并打卡！

今天能得几颗星？把星星涂上你喜欢的颜色，来给自己打分吧！

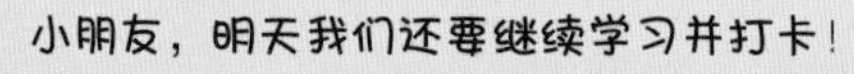

第11天 进位加法④

月

日

脑王课堂

脑王！脑王！今天我们学什么？

继续来练习凑10，这次会增加难度。

示例：6 + 9 = 15

9 → 4　5

6 + 4 → 10

试一试

在相应位置填上正确的数。

7 + 8 = 15

5 + 7 = 12

5 + 6 = 11

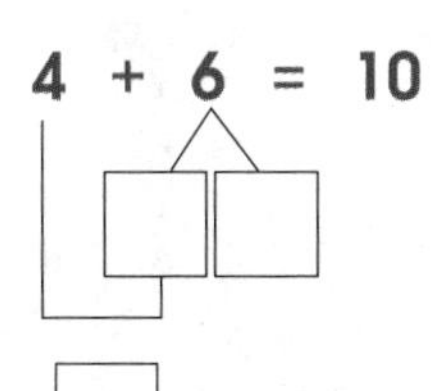

4 + 6 = 10

8 + 3 = 11

6 + 6 = 12

小朋友，你都做对了吗？继续做一做，练一练。

学习打卡

你今天学习花了多少时间？（家长帮忙计时）

A. 不到 5 分钟

B. 5~10 分钟

C. 10 分钟以上

你今天练习全做对了吗？

A. 全对

B. 仅错一处

C. 错误较多

小朋友，明天我们还要继续学习并打卡！

今天能得几颗星？把星星涂上你喜欢的颜色，来给自己打分吧！

☆☆☆☆☆

第12天 进位加法⑤

_____月

_____日

脑王课堂

脑王！脑王！今天我们学什么？

继续练习凑10的步骤。这次挑战没有任何提示哟。

示例：8 + 9 = 17

9 → 2 7

8 + 2 → 10

试一试

将下列算式按示例进行分解。

6 + 5 = 11

4 + 9 = 13

5 + 8 = 13

8 + 4 = □

7 + 7 = □

6 + 7 = □

复习

小朋友，你都做对了吗？继续做一做，练一练。

学习打卡

你今天学习花了多少时间？（家长帮忙计时）

A. 不到 5 分钟

B. 5~10 分钟

C. 10 分钟以上

你今天练习全做对了吗？

A. 全对

B. 仅错一处

C. 错误较多

小朋友，明天我们还要继续学习并打卡！

今天能得几颗星？把星星涂上你喜欢的颜色，来给自己打分吧！

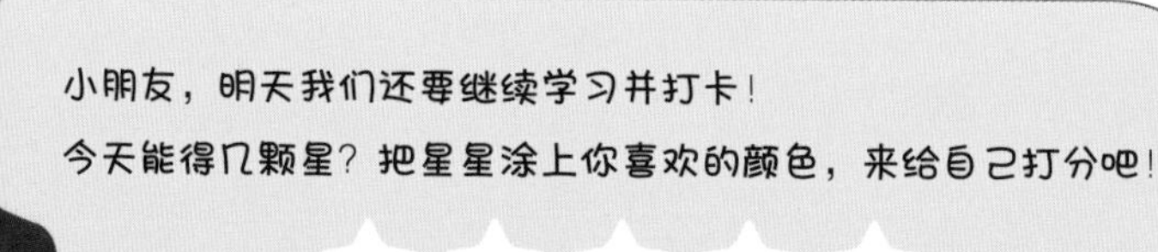

第13天 小脑王测试②

月 日

脑王测试

脑王！脑王！不知不觉又到测试闯关游戏环节了。

说对了，我已经出好测试题目，就等着你来挑战了。

已经做好接受挑战的准备啦！

试一试 在相应处写下答案。

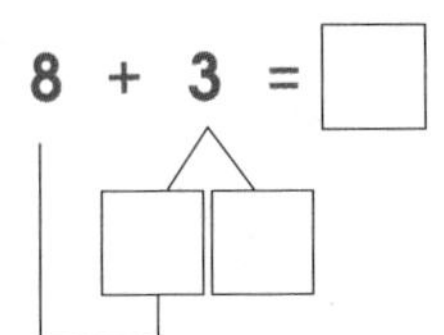

8 + 3 = □

10

5 + 7 = □

10

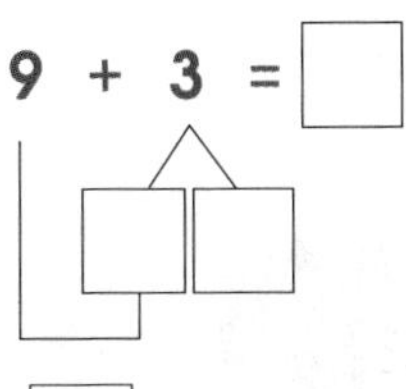

9 + 3 = □

5 + 6 = □

6 + 9 = □

9 + 7 = □

总结

小朋友，你都答对了吗？如果有错题，请在下方改正。

学习打卡

你今天学习花了多少时间？（家长帮忙计时）

A. 不到 5 分钟

B. 5~10 分钟

C. 10 分钟以上

你今天练习全做对了吗？

A. 全对

B. 仅错一处

C. 错误较多

小朋友，明天我们还要继续学习并打卡！

今天能得几颗星？把星星涂上你喜欢的颜色，来给自己打分吧！

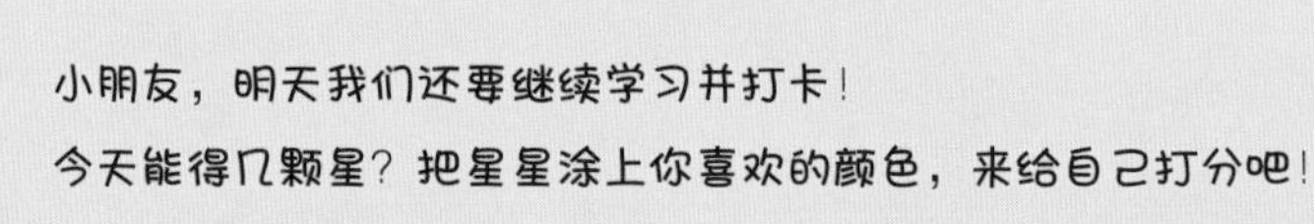

评级证书

________ 同学：

祝贺你在“我会20以内加减法6～13天”学习中，坚持练习并且通过了测试！

请你以“小脑王”为目标，继续努力！

年　　月　　日

数学评测官　　杨易

第14天 进位加法练习①

月
日

脑王课堂

脑王！脑王！我已经顺利闯关，今天我们玩什么数学游戏？

今天我们练习有9的加法。

示例：9 + 5 = (14)

试一试 在(　　)内填上相应的数。

9 + 1 = (　　)　　9 + 2 = (　　)

9 + 3 = (　　)　　9 + 4 = (　　)

9 + 6 = (　　)　　9 + 7 = (　　)

9 + 8 = (　　)　　9 + 9 = (　　)

小朋友，算完后，你发现了什么规律吗？继续做一做，练一练。

学习打卡

你今天学习花了多少时间？（家长帮忙计时）

A. 不到 5 分钟

B. 5~10 分钟

C. 10 分钟以上

你今天练习全做对了吗？

A. 全对

B. 仅错一处

C. 错误较多

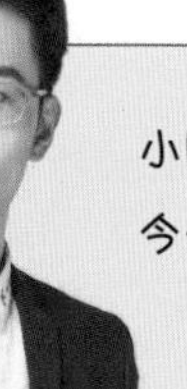

小朋友，明天我们还要继续学习并打卡！

今天能得几颗星？把星星涂上你喜欢的颜色，来给自己打分吧！

第15天 进位加法练习②

月

日

脑王课堂

脑王！脑王！今天我们玩什么数学游戏？

今天我们练习有8的加法，一边计算，一边找规律吧！

示例：8 + 2 = (10)

试一试

在（ ）内填上相应的数。

8 + 3 = (　　)　　8 + 4 = (　　)

8 + 5 = (　　)　　8 + 6 = (　　)

8 + 7 = (　　)　　8 + 9 = (　　)

8 + 10 = (　　)　　8 + 8 = (　　)

小朋友，你都做对了吗？继续做一做，练一练。

学习打卡

你今天学习花了多少时间？（家长帮忙计时）

A. 不到 5 分钟

B. 5~10 分钟

C. 10 分钟以上

你今天练习全做对了吗？

A. 全对

B. 仅错一处

C. 错误较多

小朋友，明天我们还要继续学习并打卡！

今天能得几颗星？把星星涂上你喜欢的颜色，来给自己打分吧！

第16天 进位加法练习③

月
日

脑王课堂

脑王！脑王！今天是不是要练习有7的加法啦？

猜对啦！

示例：7 + 5 = (12)

试一试

在（　　）内填上相应的数。

7 + 3 = (　　)　　7 + 4 = (　　)

7 + 6 = (　　)　　7 + 7 = (　　)

7 + 8 = (　　)　　7 + 10 = (　　)

复习

小朋友，你都做对了吗？继续做一做，练一练。

学习打卡

你今天学习花了多少时间？
（家长帮忙计时）

A. 不到 5 分钟　B. 5~10 分钟　C. 10 分钟以上

你今天练习全做对了吗？

A. 全对　B. 仅错一处　C. 错误较多

小朋友，明天我们还要继续学习并打卡！

今天能得几颗星？把星星涂上你喜欢的颜色，来给自己打分吧！

☆☆☆☆☆

第 17 天　连线游戏

月

日

脑王课堂

脑王！脑王！有7，8，9的加法已经练熟了。

好棒呀！那今天就来玩一玩连线游戏吧。认真算一算左边的加法练习题，找一找右边相对应的数，进行连线。

示例：

7 + 8	11
9 + 2	15

试一试

按照示例将左右连线。

2 + 8	11
5 + 6	10
6 + 6	17
7 + 7	15
8 + 7	14
8 + 9	13
7 + 9	12
6 + 7	16

复习

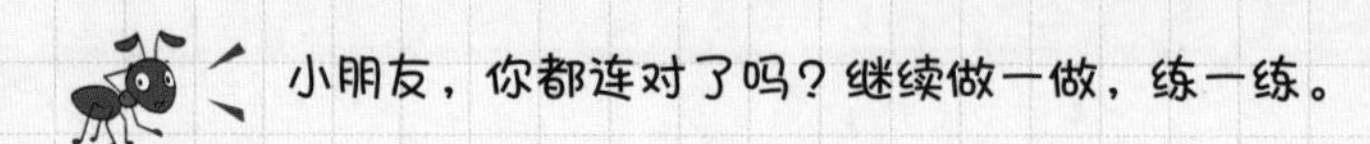

学习打卡

你今天学习花了多少时间？
（家长帮忙计时）

A. 不到 5 分钟

B. 5~10 分钟

C. 10 分钟以上

你今天练习全做对了吗？

A. 全对

B. 仅错一处

C. 错误较多

小朋友，明天我们还要继续学习并打卡！

今天能得几颗星？把星星涂上你喜欢的颜色，来给自己打分吧！

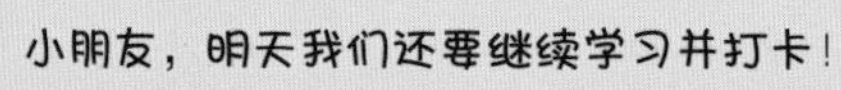

第 18 天　比大小

月
日

脑王课堂

脑王！脑王！今天玩什么数学游戏？

玩比大小游戏！比一比两边的计算结果谁大谁小。

示例：7 + 8 (>) 9 + 2

试一试

在（　　）内填上“<”或者“>”。

8 + 7 (　　) 10 + 3　　　9 + 2 (　　) 2 + 8

5 + 5 (　　) 7 + 5　　　8 + 4 (　　) 5 + 5

6 + 7 (　　) 5 + 7　　　8 + 9 (　　) 9 + 10

3 + 8 (　　) 5 + 7　　　8 + 3 (　　) 9 + 5

小朋友，你都比对了吗？写几个你想到的算式，再相加比一比吧。

学习打卡

你今天学习花了多少时间？（家长帮忙计时）

A. 不到 5 分钟　B. 5~10 分钟　C. 10 分钟以上

你今天练习全做对了吗？

A. 全对　B. 仅错一处　C. 错误较多

小朋友，明天我们还要继续学习并打卡！

今天能得几颗星？把星星涂上你喜欢的颜色，来给自己打分吧！

第19天 交换计算①

月
日

脑王课堂

脑王！脑王！今天我们玩什么数学游戏？

将两个加数互换位置，看看计算结果是否会有变化。

示例：2 + 9 = (11)

9 + 2 = (11)

试一试

在（　　）内填上相应的数。

3 + 9 = (　　)

9 + 3 = (　　)

4 + 8 = (　　)

8 + 4 = (　　)

5 + 8 = (　　)

8 + 5 = (　　)

小朋友，算完以后，你发现了什么规律吗？继续算一算，填一填。

学习打卡

你今天学习花了多少时间？（家长帮忙计时）

A. 不到 5 分钟

B. 5~10 分钟

C. 10 分钟以上

你今天练习全做对了吗？

A. 全对

B. 仅错一处

C. 错误较多

小朋友，明天我们还要继续学习并打卡！

今天能得几颗星？把星星涂上你喜欢的颜色，来给自己打分吧！

第 **20** 天

交换计算②

______月

______日

脑王课堂

脑王！脑王！将两个数交换位置，然后再相加，结果和没换之前一样。

太棒了！今天根据这个规律继续练一练吧！

示例：5 + 9 = (14)

(9) + (5) = (14)

试一试

在（　　）内填上相应的数。

5 + 7 = (　　)

(　　) + (　　) = (　　)

6 + 8 = (　　)

(　　) + (　　) = (　　)

7 + 6 = (　　)

(　　) + (　　) = (　　)

复习

小朋友，你都填对了吗？继续算一算，填一填。

学习打卡

你今天学习花了多少时间？（家长帮忙计时）

A. 不到 5 分钟

B. 5~10 分钟

C. 10 分钟以上

你今天练习全做对了吗？

A. 全对

B. 仅错一处

C. 错误较多

小朋友，明天我们还要继续学习并打卡！

今天能得几颗星？把星星涂上你喜欢的颜色，来给自己打分吧！

第21天 小脑王测试③

月

日

脑王测试

脑王！脑王！今天我们玩什么游戏啊？

今天进入闯关测试游戏。

做好准备，接受挑战。

试一试 在相应处填上答案。

9 + 6 = (　　)

9 + 8 = (　　)

8 + 8 = (　　)

7 + 4 = (　　)

7 + 7	15
8 + 7	14
7 + 9	13
6 + 7	16

总结

小朋友，你都答对了吗？如果有错题，请在下方改正。

学习打卡

你今天学习花了多少时间？（家长帮忙计时）

A. 不到 5 分钟

B. 5~10 分钟

C. 10 分钟以上

你今天练习全做对了吗？

A. 全对

B. 仅错一处

C. 错误较多

小朋友，明天我们还要继续学习并打卡！

今天能得几颗星？把星星涂上你喜欢的颜色，来给自己打分吧！

评级证书

________ 同学：

祝贺你在“我会20以内加减法14～21天”学习中，坚持练习并且通过了测试！

请你以“小脑王”为目标，继续努力！

年　　月　　日

数学评测官　　杨易

第22天 不退位减法①

月
日

脑王课堂

脑王！脑王！20以内的加法游戏已经顺利闯关。今天我们玩什么数学游戏？

今天开始我们要一起练习减法了，先从简单的题开始吧！

示例：  -  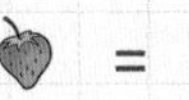 = 

(13) - (2) = (11)

试一试

在（　　）内填上相应的数。

(13) - (1) = (　　)

(13) - (2) = (　　)

(14) - (2) = (　　)

(14) - (3) = (　　)

(16) - (5) = (　　)

复习

小朋友，你都算对了吗？继续算一算，练一练。

学习打卡

你今天学习花了多少时间？（家长帮忙计时）

A. 不到 5 分钟

B. 5~10 分钟

C. 10 分钟以上

你今天练习全做对了吗？

A. 全对

B. 仅错一处

C. 错误较多

小朋友，明天我们还要继续学习并打卡！

今天能得几颗星？把星星涂上你喜欢的颜色，来给自己打分吧！

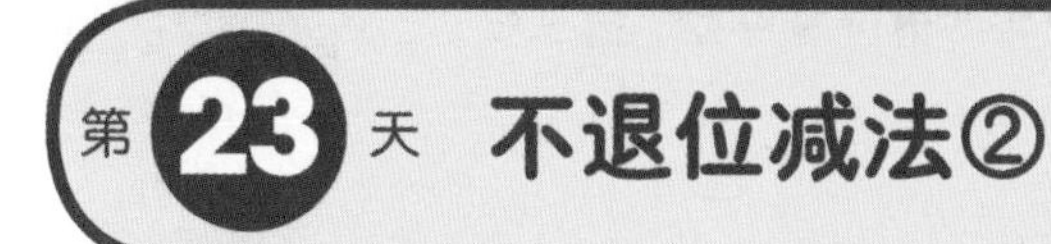

月

日

脑王课堂

脑王！脑王！今天我们还会玩新的数学游戏吗？

会，今天继续练习十几减几的不退位减法！

示例：

(15) - (2) = (13)

试一试

在（ ）内填上相应的数。

(18) - (2) = ( )

(16) - (3) = ( )

(15) - (4) = ( )

(19) - (7) = ( )

(17) - (4) = ( )

小朋友，你都算对了吗？继续算一算，练一练。

学习打卡

你今天学习花了多少时间？（家长帮忙计时）

A. 不到 5 分钟

B. 5~10 分钟

C. 10 分钟以上

你今天练习全做对了吗？

A. 全对

B. 仅错一处

C. 错误较多

小朋友，明天我们还要继续学习并打卡！

今天能得几颗星？把星星涂上你喜欢的颜色，来给自己打分吧！

第24天 不退位减法③

月

日

脑王课堂

脑王！脑王！减法还有新的玩法吗？

今天我们不看图直接算。

这好像有点难，有什么技巧吗？

十位的1保持不变，直接把个位数相减。

示例：15 - 4 = (11)

试一试

在（　　）内填上相应的数。

15 - 3 = (　　)　　15 - 2 = (　　)

14 - 2 = (　　)　　14 - 1 = (　　)

16 - 4 = (　　)　　16 - 2 = (　　)

16 - 5 = (　　)　　18 - 4 = (　　)

复习

小朋友，你都写对了吗？继续算一算，写一写。

学习打卡

你今天学习花了多少时间？（家长帮忙计时）

A. 不到 5 分钟

B. 5~10 分钟

C. 10 分钟以上

你今天练习全做对了吗？

A. 全对

B. 仅错一处

C. 错误较多

小朋友，明天我们还要继续学习并打卡！

今天能得几颗星？把星星涂上你喜欢的颜色，来给自己打分吧！

第 25 天 **不退位减法④**

______月

______日

脑王课堂

脑王！脑王！今天玩什么？

今天我们继续练习减法吧。

示例：18 - 4 = (14)

试一试

在（　　）内填上相应的数。

19 - 3 = (　　)　　19 - 2 = (　　)

19 - 8 = (　　)　　19 - 7 = (　　)

18 - 6 = (　　)　　17 - 6 = (　　)

17 - 2 = (　　)　　19 - 1 = (　　)

复习

小朋友，你都写对了吗？继续算一算，写一写。

学习打卡

你今天学习花了多少时间？
（家长帮忙计时）

A. 不到 5 分钟

B. 5~10 分钟

C. 10 分钟以上

你今天练习全做对了吗？

A. 全对

B. 仅错一处

C. 错误较多

小朋友，明天我们还要继续学习并打卡！

今天能得几颗星？把星星涂上你喜欢的颜色，来给自己打分吧！

第26天 小脑王测试④

月
日

脑王测试

脑王！脑王！今天我们会玩什么新的数学游戏啊？

来一个新的测试挑战，我出一些测试题目考考你。

接受挑战，我已经准备好了。

试一试 在（ ）内填上相应答案。

（13） - （2） = （ ）

（14） - （2） = （ ）

（19） - （7） = （ ）

（17） - （4） = （ ）

14 - 1 = （ ）　　16 - 4 = （ ）

19 - 7 = （ ）　　18 - 6 = （ ）

总结

小朋友，你都答对了吗？如果有错题，请在下方改正。

学习打卡

你今天学习花了多少时间？（家长帮忙计时）

A. 不到 5 分钟

B. 5~10 分钟

C. 10 分钟以上

你今天练习全做对了吗？

A. 全对

B. 仅错一处

C. 错误较多

小朋友，明天我们还要继续学习并打卡！

今天能得几颗星？把星星涂上你喜欢的颜色，来给自己打分吧！

评级证书

________ 同学：

祝贺你在“我会20以内加减法22～26天”学习中，坚持练习并且通过了测试！

请你以“小脑王”为目标，继续努力！

年　　月　　日

数学评测官　杨易

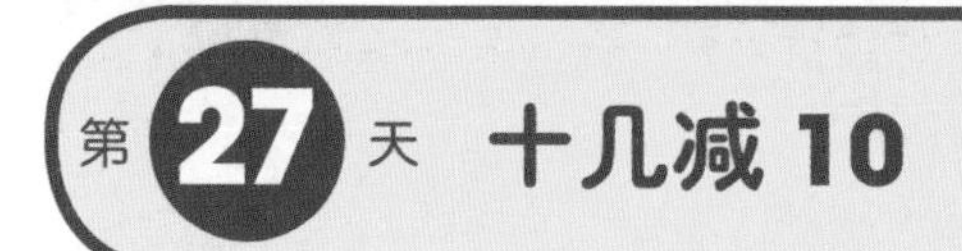

第27天 十几减10

月

日

脑王课堂

脑王！脑王！不退位减法测试我已经顺利闯关了。

好棒啊！今天我们来学习十几减10的减法。

示例：

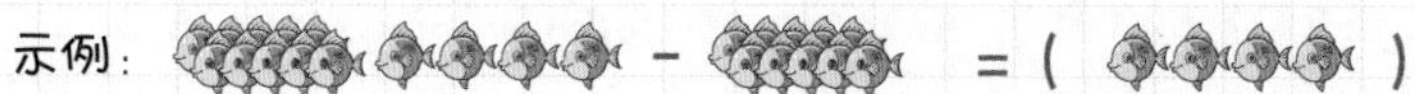

14 - 10 = (4)

试一试

在（ ）内填上相应的图案和数。

14 - 10 = ( )

11 - 10 = ( )

17 - 10 = ( )

18 - 10 = ( )

复习

小朋友，你都写对了吗？继续算一算，练一练。

学习打卡

你今天学习花了多少时间？（家长帮忙计时）

A. 不到 5 分钟

B. 5~10 分钟

C. 10 分钟以上

你今天练习全做对了吗？

A. 全对

B. 仅错一处

C. 错误较多

小朋友，明天我们还要继续学习并打卡！

今天能得几颗星？把星星涂上你喜欢的颜色，来给自己打分吧！

☆☆☆☆☆

第 28 天 退位减法①

月

日

脑王课堂

脑王！脑王！今天我们玩什么新的数学游戏？

今天玩退位减法。

什么是退位减法？

减数的个位数比被减数小，要从减数的十位借1。

示例：  -  = 

（ 12 ） - （ 5 ） = （ 7 ）

试一试

圈一圈，算一算。

（ 13 ） - （ 5 ） = （　　）

（ 14 ） - （ 7 ） = （　　）

（ 11 ） - （ 9 ） = （　　）

（ 11 ） - （ 8 ） = （　　）

复习

小朋友，你都圈对了吗？继续练一练。

学习打卡

你今天学习花了多少时间？
（家长帮忙计时）

A. 不到 5 分钟

B. 5~10 分钟

C. 10 分钟以上

你今天练习全做对了吗？

A. 全对

B. 仅错一处

C. 错误较多

小朋友，明天我们还要继续学习并打卡！

今天能得几颗星？把星星涂上你喜欢的颜色，来给自己打分吧！

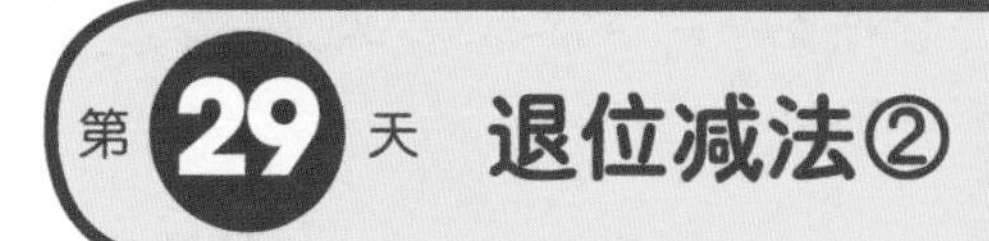

脑王课堂

脑王！脑王！今天我们学什么？

继续熟悉退位减法。

示例：

(13) - (4) = (9)

试一试

继续数一数，圈一圈。

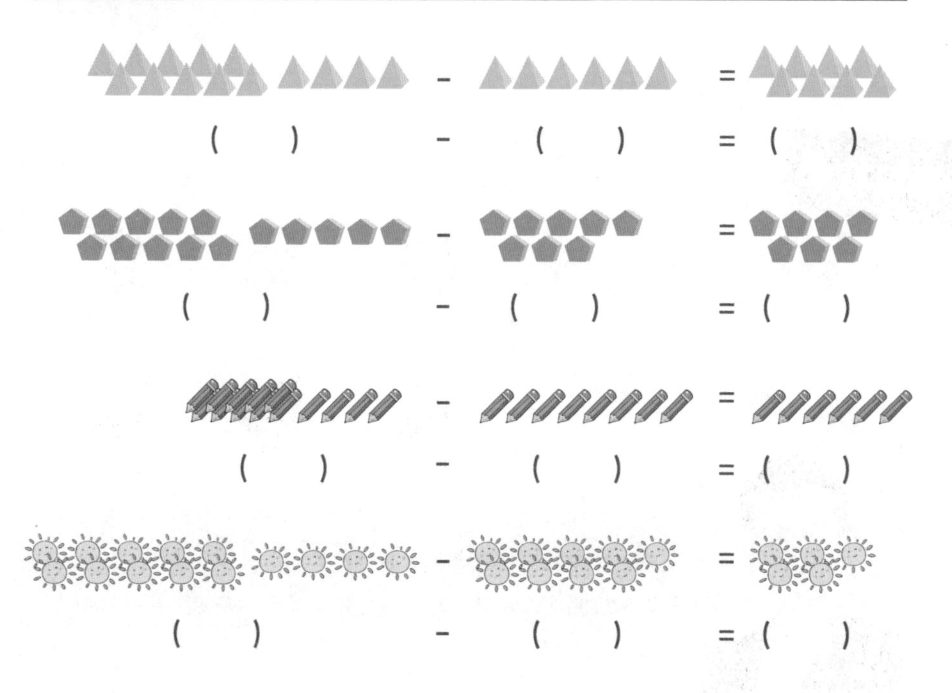

复习

小朋友，你都圈对了吗？继续练一练。

学习打卡

你今天学习花了多少时间？（家长帮忙计时）

A. 不到 5 分钟

B. 5~10 分钟

C. 10 分钟以上

你今天练习全做对了吗？

A. 全对

B. 仅错一处

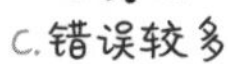
C. 错误较多

小朋友，明天我们还要继续学习并打卡！

今天能得几颗星？把星星涂上你喜欢的颜色，来给自己打分吧！

☆☆☆☆☆

第 30 天 退位减法分解①

____月

____日

脑王课堂

脑王！脑王！今天我们玩什么数学游戏？

玩退位减法分解算式。

怎么玩？

将被减数进行拆解，拆出10和几的组合，再用10去减减数。

示例：

12 - 4 = 8

2　10

6

试一试

按照示例，在相应位置填上合适的数。

13 - 5 = □

3　10

□

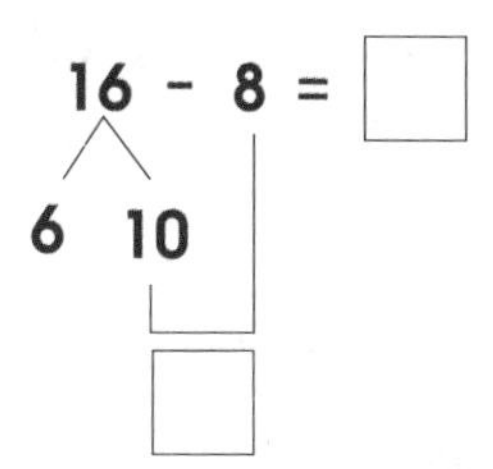

16 - 8 = □

6　10

□

12 - 6 = □

2　10

□

18 - 9 = □

8　10

□

小朋友，你都写对了吗？继续练一练。

学习打卡

你今天学习花了多少时间？（家长帮忙计时）

A. 不到5分钟

B. 5~10分钟

C. 10分钟以上

你今天练习全做对了吗？

A. 全对

B. 仅错一处

C. 错误较多

小朋友，明天我们还要继续学习并打卡！

今天能得几颗星？把星星涂上你喜欢的颜色，来给自己打分吧！

☆☆☆☆☆

第31天 退位减法分解②

月 日

脑王课堂

脑王！脑王！今天我们玩什么数学游戏？

继续玩退位减法分解游戏。

会增加难度吗？

当然呀，这次分解不会有数字提示。

示例：

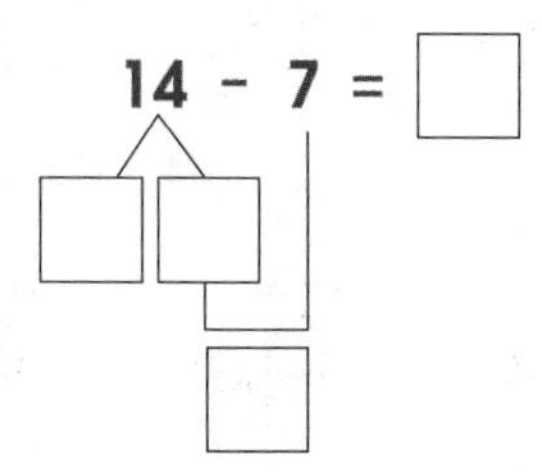

在相应位置填上合适的数。

14 - 7 = □

12 - 9 = □

14 - 8 = □

11 - 6 = □

小朋友，你都写对了吗？继续练一练。

学习打卡

你今天学习花了多少时间？（家长帮忙计时）

A. 不到 5 分钟

B. 5~10 分钟

C. 10 分钟以上

你今天练习全做对了吗？

A. 全对

B. 仅错一处

C. 错误较多

小朋友，明天我们还要继续学习并打卡！

今天能得几颗星？把星星涂上你喜欢的颜色，来给自己打分吧！

第32天 退位减法分解③

月
日

脑王课堂

脑王！脑王！退位减法分解还有更难的玩法吗？

有呀，这次退位减法分解没有任何提示。

好呀，我会认真思考的。

示例：

$$15 - 9 = 6$$

15 分解为 5 和 10；10 - 9 = 1

5　10

1

试一试

做下面的分解。

$12 - 5 =$　　　　$13 - 6 =$

$15 - 8 =$　　　　$14 - 5 =$

小朋友，你都写对了吗？继续练一练。

你今天学习花了多少时间？（家长帮忙计时）

A. 不到 5 分钟

B. 5~10 分钟

C. 10 分钟以上

你今天练习全做对了吗？

A. 全对

B. 仅错一处

C. 错误较多

小朋友，明天我们还要继续学习并打卡！

今天能得几颗星？把星星涂上你喜欢的颜色，来给自己打分吧！

第33天 小脑王测试⑤

月

日

脑王测试

脑王！脑王！是不是又要进行闯关测试游戏了？

猜对了，我出一些题目考考你，准备接受挑战吧。

好呀，做好准备，全力以赴接受挑战。

试一试

在相应的位置填上答案。

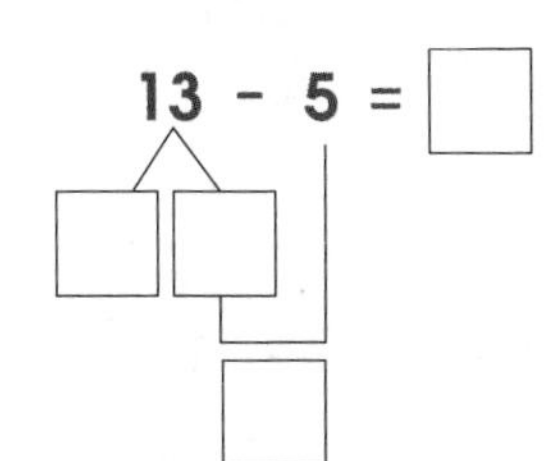

16 - 8 = □

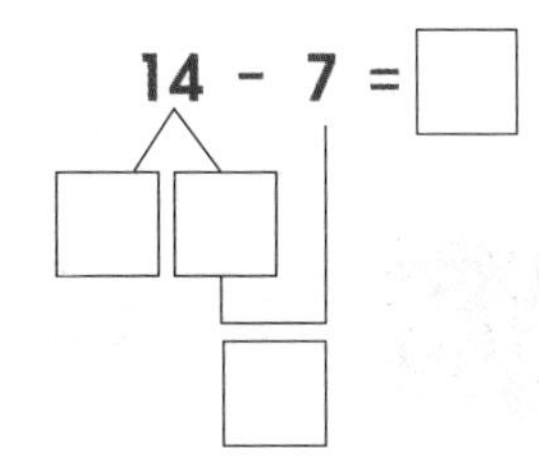

15 - 9 =

12 - 9 =

14 - 5 =

总结

小朋友，你都答对了吗？如果有错题，请在下方改正。

学习打卡

你今天学习花了多少时间？
（家长帮忙计时）

A. 不到 5 分钟

B. 5~10 分钟

C. 10 分钟以上

你今天练习全做对了吗？

A. 全对

B. 仅错一处

C. 错误较多

小朋友，明天我们还要继续学习并打卡！

今天能得几颗星？把星星涂上你喜欢的颜色，来给自己打分吧！

评级证书

________ 同学：

祝贺你在“我会20以内加减法27～33天”学习中，坚持练习并且通过了测试！

请你以“小脑王”为目标，继续努力！

年　　月　　日

数学评测官　　杨易

第 **34** 天 # 连线游戏

月

日

脑王课堂

脑王！脑王！我已经顺利闯关了，接下来我们玩什么呢？

今天玩连线游戏。算一算左边的题目，在右边找一找相应的数，进行连线。

示例：

13 - 8	8
14 - 6	5

试一试

将左右连线。

11 - 9	3
11 - 3	2
12 - 5	6
13 - 7	8
14 - 9	9
12 - 8	5
12 - 9	4
16 - 7	7

复习

小朋友，你都连对了吗？继续复习一下。

学习打卡

你今天学习花了多少时间？
（家长帮忙计时）

A. 不到 5 分钟

B. 5~10 分钟

C. 10 分钟以上

你今天练习全做对了吗？

A. 全对

B. 仅错一处

C. 错误较多

小朋友，明天我们还要继续学习并打卡！

今天能得几颗星？把星星涂上你喜欢的颜色，来给自己打分吧！

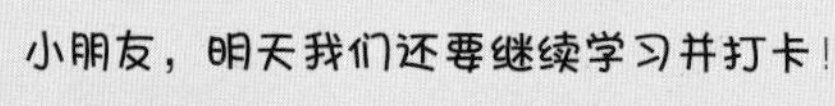

第 35 天 比大小

______ 月

______ 日

脑王课堂

脑王！脑王！今天我们玩什么数学游戏？

今天来做减法的比大小游戏吧。

示例：16 - 8 (<) 18 - 9

试一试

在（　　）内填上相应的“<”或“>”。

13 - 9 (　　) 14 - 8　　　　15 - 8 (　　) 15 - 9

17 - 9 (　　) 12 - 3　　　　15 - 7 (　　) 14 - 5

16 - 8 (　　) 15 - 9　　　　14 - 5 (　　) 16 - 9

20 - 8 (　　) 20 - 6　　　　17 - 9 (　　) 14 - 7

复习

小朋友，你都比对了吗？继续练一练，写一写。

学习打卡

你今天学习花了多少时间？（家长帮忙计时）

A. 不到 5 分钟

B. 5~10 分钟

C. 10 分钟以上

你今天练习全做对了吗？

A. 全对

B. 仅错一处

C. 错误较多

小朋友，明天我们还要继续学习并打卡！

今天能得几颗星？把星星涂上你喜欢的颜色，来给自己打分吧！

第36天 减法转换

月

日

脑王课堂

脑王！脑王！今天我们玩什么数学游戏？

玩减法的转换游戏。由一个减法算式推演出另一个减法算式。

示例：15 - 6 = 9

15 - 9 = （ 6 ）

试一试

在（　　）内填写相应的数。

14 - 8 = 6

14 - 6 = （　　）

13 - 6 = 7

13 - 7 = （　　）

16 - 9 = 6

16 -（　　）=（　　）

12 - 7 = 5

12 -（　　）=（　　）

小朋友，你都写对了吗？继续算一算，练一练。

学习打卡

你今天学习花了多少时间？
（家长帮忙计时）

A. 不到 5 分钟

B. 5~10 分钟

C. 10 分钟以上

你今天练习全做对了吗？

A. 全对

B. 仅错一处

C. 错误较多

小朋友，明天我们还要继续学习并打卡！

今天能得几颗星？把星星涂上你喜欢的颜色，来给自己打分吧！

☆☆☆☆☆

第 **37** 天

加法转换

______月

______日

脑王课堂

脑王！脑王！今天我们玩什么？

今天我们复习一下加法的转换，注意不要和减法混淆。

示例：7 + 8 = 15

8 + 7 = （ 15 ）

试一试

在（　　）内填写相应的数。

5 + 7 = 12

7 + 5 = （　　）

7 + 6 = 13

6 + 7 = （　　）

8 + 4 = （　　）

4 + 8 = （　　）

3 + 9 = （　　）

9 + 3 = （　　）

复习

小朋友，你都写对了吗？继续写一写，练一练。

学习打卡

你今天学习花了多少时间？（家长帮忙计时）

A. 不到 5 分钟

B. 5~10 分钟

C. 10 分钟以上

你今天练习全做对了吗？

A. 全对

B. 仅错一处

C. 错误较多

小朋友，明天我们还要继续学习并打卡！

今天能得几颗星？把星星涂上你喜欢的颜色，来给自己打分吧！

☆☆☆☆☆

第 38 天 加减转换①

月

日

脑王课堂

脑王！脑王！今天我们学什么？

今天我们练习减法变加法，然后找一找加减法之间的变化规律吧！

示例：

15 - 8 = 7

7 + 8 = (15)

8 + 7 = (15)

试一试

在（ ）内填写相应的数。

13 - 5 = 8

8 + 5 = (   )

5 + 8 = (   )

12 - 7 = 5

5 + 7 = (   )

7 + 5 = (   )

17 - 8 = 9

9 + 8 = (   )

8 + 9 = (   )

11 - 5 = 6

6 + 5 = (   )

5 + 6 = (   )

复习

小朋友，你都算对了吗？继续算一算，练一练。

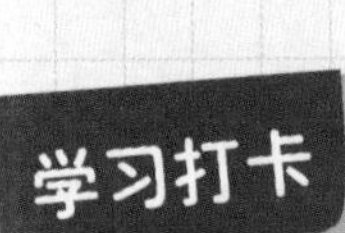

你今天学习花了多少时间？
（家长帮忙计时）

A. 不到 5 分钟

B. 5~10 分钟

C. 10 分钟以上

你今天练习全做对了吗？

A. 全对

B. 仅错一处

C. 错误较多

小朋友，明天我们还要继续学习并打卡！

今天能得几颗星？把星星涂上你喜欢的颜色，来给自己打分吧！

第39天 加减转换②

月

日

脑王课堂

脑王！脑王！今天还玩加减转换吗？

今天我们试试加法变减法。先完成练习，然后找一找规律吧！

示例：

5 + 6 = 11

11 - 5 = (6)

11 - 6 = (5)

试一试

在（　　）内填写相应的数。

8 + 4 = 12

12 - 8 = (　　)

12 - 4 = (　　)

9 + 7 = 16

16 - 9 = (　　)

16 - 7 = (　　)

3 + 9 = 12

12 - 3 = (　　)

12 - 9 = (　　)

7 + 8 = 15

15 - 7 = (　　)

15 - 8 = (　　)

复习

小朋友，你都填对了吗？继续练一练，写一写。

学习打卡

你今天学习花了多少时间？（家长帮忙计时）

A. 不到 5 分钟

B. 5~10 分钟

C. 10 分钟以上

你今天练习全做对了吗？

A. 全对

B. 仅错一处

C. 错误较多

小朋友，明天我们还要继续学习并打卡！

今天能得几颗星？把星星涂上你喜欢的颜色，来给自己打分吧！

第 40 天 小脑王测试⑥ 月 日

脑王测试

脑王！脑王！今天我们玩什么？

又进入新一轮的闯关挑战了，请接受测试挑战吧！

试一试 在（ ）内填上相应的数。

13 - 6 = 7

13 - 7 = （ ）

16 - 9 = 7

16 - 7 = （ ）

3 + 9 = 12

9 + 3 = （ ）

4 + 8 = 12

8 + 4 = （ ）

11 - 5 = 6

5 + 6 = （ ）

6 + 5 = （ ）

12 - 8 = 4

8 + 4 = （ ）

4 + 8 = （ ）

7 + 8 = 15

15 - 8 = （ ）

15 - 7 = （ ）

6 + 9 = 15

15 - 6 = （ ）

15 - 9 = （ ）

总结

小朋友，你都答对了吗？如果有错题，请在下方改正。

学习打卡

你今天学习花了多少时间？
（家长帮忙计时）

A. 不到 5 分钟

B. 5~10 分钟

C. 10 分钟以上

你今天练习全做对了吗？

A. 全对

B. 仅错一处

C. 错误较多

小朋友，明天我们还要继续学习并打卡！

今天能得几颗星？把星星涂上你喜欢的颜色，来给自己打分吧！

评级证书

________ 同学：

祝贺你在“我会20以内加减法34～40天”学习中，坚持练习并且通过了测试！

请你以“小脑王”为目标，继续努力！

年　　月　　日

数学评测官　杨易

第41天 综合练习①

____月

____日

脑王课堂

脑王！脑王！我已经顺利闯关了，今天我们玩什么呢？

好棒，今天我们开始玩加减综合练习。

综合练习会很难吗？

不难，都是我们以前学习过的知识点。

试一试 在（　　）内填上相应的数。

13 + 2 = (　　)　　7 + 4 = (　　)

16 + 3 = (　　)　　6 + 6 = (　　)

11 + 8 = (　　)　　8 + 3 = (　　)

14 + 4 = (　　)　　8 + 7 = (　　)

12 + 5 = (　　)　　5 + 8 = (　　)

复习

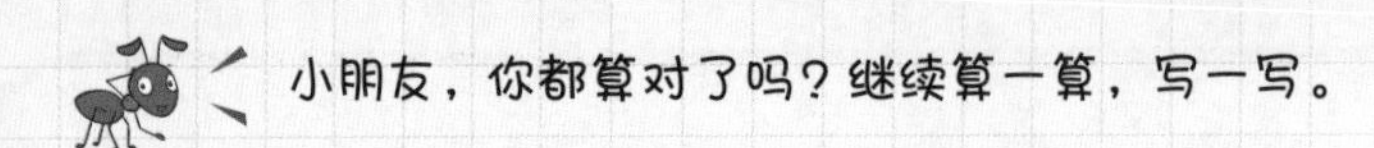

小朋友，你都算对了吗？继续算一算，写一写。

学习打卡

你今天学习花了多少时间？（家长帮忙计时）

A. 不到 5 分钟

B. 5~10 分钟

C. 10 分钟以上

你今天练习全做对了吗？

A. 全对

B. 仅错一处

C. 错误较多

小朋友，明天我们还要继续学习并打卡！

今天能得几颗星？把星星涂上你喜欢的颜色，来给自己打分吧！

第 42 天 综合练习②

月
日

脑王课堂

脑王！脑王！今天我们继续综合练习吗？

好的，今天争取满分过关吧！

试一试

在（　　）内填上相应的数。

11 + 3 =（　　）	8 + 8 =（　　）
13 + 6 =（　　）	9 + 4 =（　　）
15 + 2 =（　　）	7 + 5 =（　　）
14 + 5 =（　　）	6 + 5 =（　　）
12 + 4 =（　　）	9 + 9 =（　　）

复习

小朋友，你都填对了吗？继续填一填，练一练。

学习打卡

你今天学习花了多少时间？（家长帮忙计时）

A. 不到 5 分钟

B. 5~10 分钟

C. 10 分钟以上

你今天练习全做对了吗？

A. 全对

B. 仅错一处

C. 错误较多

小朋友，明天我们还要继续学习并打卡！

今天能得几颗星？把星星涂上你喜欢的颜色，来给自己打分吧！

月

日

脑王课堂

脑王！脑王！今天我们继续综合练习吗？

对，加油！

试一试

在（　　）内填上相应的数。

17 - 5 = (　　)　　13 - 5 = (　　)

18 - 4 = (　　)　　16 - 7 = (　　)

19 - 8 = (　　)　　11 - 8 = (　　)

19 - 6 = (　　)　　12 - 6 = (　　)

15 - 3 = (　　)　　11 - 4 = (　　)

复习

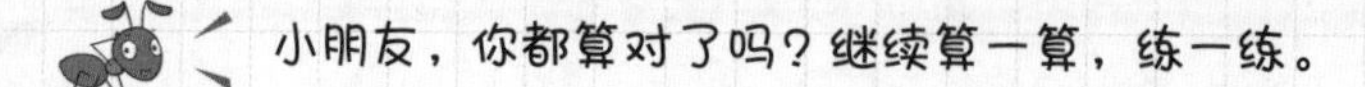

学习打卡

你今天学习花了多少时间？（家长帮忙计时）

A. 不到 5 分钟

B. 5~10 分钟

C. 10 分钟以上

你今天练习全做对了吗？

A. 全对

B. 仅错一处

C. 错误较多

小朋友，明天我们还要继续学习并打卡！

今天能得几颗星？把星星涂上你喜欢的颜色，来给自己打分吧！

☆☆☆☆☆

月

日

脑王课堂

脑王！脑王！今天我们学什么？

继续进行综合练习，今天是最后一关啦！

试一试

在（　　）内填上相应的数。

16 - 4 = (　　)　　13 - 4 = (　　)

19 - 5 = (　　)　　16 - 8 = (　　)

17 - 2 = (　　)　　12 - 7 = (　　)

14 - 3 = (　　)　　18 - 9 = (　　)

18 - 3 = (　　)　　11 - 5 = (　　)

小朋友，你都算对了吗？继续算一算，练一练。

学习打卡

你今天学习花了多少时间？（家长帮忙计时）

A. 不到 5 分钟

B. 5~10 分钟

C. 10 分钟以上

你今天练习全做对了吗？

A. 全对

B. 仅错一处

C. 错误较多

小朋友，明天我们还要继续学习并打卡！

今天能得几颗星？把星星涂上你喜欢的颜色，来给自己打分吧！

第45天 小脑王测试⑦

______月 ______日

脑王测试

脑王！脑王！今天我们玩什么呀？

接受测试挑战，我会加油的！

又到了测试闯关阶段，我出题目考考你。

试一试

在（ ）内填上相应的数。

4 + 8 =（ ）

12 - 4 =（ ）

7 + 7 =（ ）

14 - 7 =（ ）

5 + 6 =（ ）

13 - 6 =（ ）

9 + 8 =（ ）

17 - 8 =（ ）

8 + 6 =（ ）

14 - 6 =（ ）

总结

小朋友，你都答对了吗？如果有错题，请在下方改正。

学习打卡

你今天学习花了多少时间？（家长帮忙计时）

A. 不到 5 分钟

B. 5~10 分钟

C. 10 分钟以上

你今天练习全做对了吗？

A. 全对

B. 仅错一处

C. 错误较多

小朋友，明天我们还要继续学习并打卡！

今天能得几颗星？把星星涂上你喜欢的颜色，来给自己打分吧！

☆☆☆☆☆

评级证书

________同学：

祝贺你在“我会20以内加减法41～45天”学习中，坚持练习并且通过了测试！

请你以“小脑王”为目标，继续努力！

年　　月　　日

数学评测官　杨易

第 46 天 连线游戏

月

日

脑王课堂

脑王！脑王！我再次顺利闯关。今天我们玩什么新的数学游戏？

今天是连线挑战。算一算左边的题目，和右边相应的数连线。

示例：

12 - 9	5
13 - 8	3
12 - 7	2

试一试

将左右连线。

4 + 9	6
14 - 8	5
15 - 7	4
13 - 9	1
7 + 3	13
12 - 7	10
8 + 6	14
16 - 8	8

复习

小朋友，你都连对了吗？继续练一练。

学习打卡

你今天学习花了多少时间？（家长帮忙计时）

A. 不到 5 分钟

B. 5~10 分钟

C. 10 分钟以上

你今天练习全做对了吗？

A. 全对

B. 仅错一处

C. 错误较多

小朋友，明天我们还要继续学习并打卡！

今天能得几颗星？把星星涂上你喜欢的颜色，来给自己打分吧！

第47天 比大小

月

日

脑王课堂

脑王！脑王！今天我们玩什么数学游戏？

玩比大小游戏，仔细算一算，看看应该填“>”还是“<”。

示例：12 − 9 (<) 13 − 9

试一试

在(　　)内填上“<”或“>”。

10 − 9 (　　) 12 − 9　　　13 − 9 (　　) 12 − 7

11 − 8 (　　) 10 − 8　　　18 − 8 (　　) 18 − 7

5 + 7 (　　) 7 + 6　　　9 + 9 (　　) 8 + 7

14 + 3 (　　) 12 + 7　　　13 + 5 (　　) 16 + 1

18 − 2 (　　) 6 + 7　　　5 + 7 (　　) 17 − 3

小朋友，你都填对了吗？继续算一算，填一填。

学习打卡

你今天学习花了多少时间？（家长帮忙计时）

A. 不到 5 分钟

B. 5~10 分钟

C. 10 分钟以上

你今天练习全做对了吗？

A. 全对

B. 仅错一处

C. 错误较多

小朋友，明天我们还要继续学习并打卡！

今天能得几颗星？把星星涂上你喜欢的颜色，来给自己打分吧！

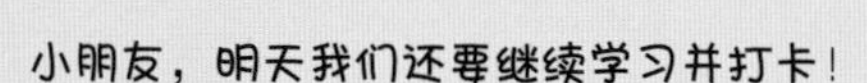

第48天 三个数连加①

月
日

脑王课堂

脑王！脑王！今天我们玩什么数学游戏？

玩三个数的连加。

怎么玩？

先把前两个数相加的结果写在括号里，再加上第三个数。

示例：$9 + 7 + 3 = (19)$，其中 $9 + 7 = (16)$

试一试

在（　　）内填上相应的数。

$5 + 6 + 3 = (\quad)$，$5 + 6 = (\quad)$

$5 + 6 + 6 = (\quad)$，$5 + 6 = (\quad)$

$9 + 5 + 4 = (\quad)$，$9 + 5 = (\quad)$

$6 + 5 + 0 = (\quad)$，$6 + 5 = (\quad)$

$6 + 4 + 2 = (\quad)$，$6 + 4 = (\quad)$

$7 + 6 + 6 = (\quad)$，$7 + 6 = (\quad)$

小朋友，你都算对了吗？继续算一算，练一练。

学习打卡

你今天学习花了多少时间？（家长帮忙计时）

A. 不到 5 分钟

B. 5~10 分钟

C. 10 分钟以上

你今天练习全做对了吗？

A. 全对

B. 仅错一处

C. 错误较多

小朋友，明天我们还要继续学习并打卡！

今天能得几颗星？把星星涂上你喜欢的颜色，来给自己打分吧！

☆☆☆☆☆

第 49 天 三个数连加②

______月

______日

脑王课堂

脑王！脑王！今天我们玩什么游戏？

继续玩三个数相加的游戏，这次第二步要进位了。

示例：3 + 2 + 8 =（13）

（5）

试一试

在（　　）内填上相应的数。

4 + 3 + 7 =（　　）

（　　）

4 + 5 + 6 =（　　）

（　　）

4 + 4 + 6 =（　　）

（　　）

3 + 5 + 3 =（　　）

（　　）

1 + 2 + 9 =（　　）

（　　）

3 + 4 + 8 =（　　）

（　　）

复习

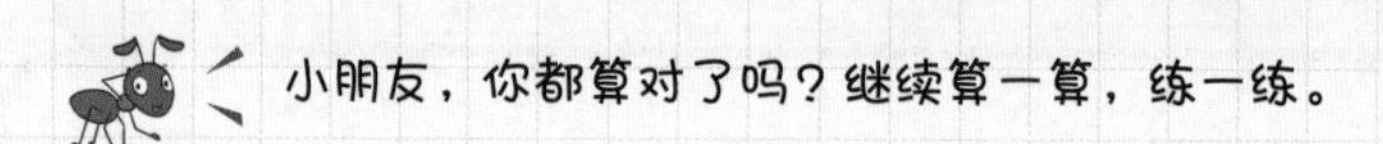

学习打卡

你今天学习花了多少时间？
（家长帮忙计时）

A. 不到 5 分钟

B. 5~10 分钟

C. 10 分钟以上

你今天练习全做对了吗？

A. 全对

B. 仅错一处

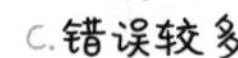
C. 错误较多

小朋友，明天我们还要继续学习并打卡！
今天能得几颗星？把星星涂上你喜欢的颜色，来给自己打分吧！

第50天 小脑王测试⑧

月　日

脑王测试

脑王！脑王！今天是不是又到闯关测试挑战环节了？

猜对了，我出一些题目考考你，挑战开始了。

接受挑战，我已经准备好了。

试一试 在相应位置填上答案。

- 连线

4 + 9	6
14 - 8	13
15 - 7	8

- 比大小

13 - 7 (　　) 12 - 7　　　14 - 8 (　　) 14 - 9

- 连加

6 + 5 + 0 = (　　)　　　7 + 6 + 6 = (　　)

4 + 8 + 3 = (　　)　　　3 + 5 + 3 = (　　)

3 + 4 + 8 = (　　)　　　2 + 2 + 9 = (　　)

总结

小朋友，你都答对了吗？如果有错题，请在下方改正。

学习打卡

你今天学习花了多少时间？（家长帮忙计时）

A. 不到 5 分钟

B. 5~10 分钟

C. 10 分钟以上

你今天练习全做对了吗？

A. 全对

B. 仅错一处

C. 错误较多

小朋友，明天我们还要继续学习并打卡！

今天能得几颗星？把星星涂上你喜欢的颜色，来给自己打分吧！

评级证书

________ 同学：

祝贺你在“我会20以内加减法46～50天”学习中，坚持练习并且通过了测试！

请你以“小脑王”为目标，继续努力！

年　　月　　日

数学评测官　杨易